UN ORGANISMO VIVENTE CHIAMATO TERRA

La geofisica del pianeta

JOSÉ RUIZ WATZECK

WATZECK HOME STUDIUS DIGITAL

SOMMARIO

Un organismo vivente chiamato terra

La geofisica del pianeta

Copyright © 2023 JOSE RUIZ WATZECK

Versione italiana

PREFAZIONE

Fenomeni naturali e nascosti che stanno devastando il nostro pianeta ora ci permettono di studiarli in un modo senza precedenti grazie alle tecnologie più avanzate, i satelliti stanno scandagliando l'intero pianeta, rivelando un'enorme ricchezza di dettagli. Mai nella storia dell'umanità abbiamo avuto alcun resoconto di questo pianeta, un organismo vivente e dinamico con proprietà di grande rilevanza. In questo lavoro sapremo come l'intero pianeta è connesso, come tutto è strettamente connesso, da un punto all'altro del globo, attraverso la tecnologia, ci tufferemo negli oceani e insieme capiremo cosa il deserto del Sahara sta turbando l'Amazzonia , cosa contribuiscono le enormi piattaforme di ghiaccio in Antartide a mantenere un clima armonioso delle temperature del mare, perché il fuoco generato naturalmente contribuisce al rinnovamento dei più diversi tipi di vita sulla terra, come e perché sorgono all'alba, come funziona davvero il cline globale cui le correnti oceaniche interferiscono con la distribuzione del calore negli emisferi. Cerchiamo di capire perché uno degli strati della terra noto come ionosfera, formato da idrogeno ed elio, funge da conduttore elettrico e disperde tutta la carica dei fulmini nell'atmosfera del pianeta. Le reazioni chimiche delle nubi e cosa c'entrano le scariche elettriche con la formazione dei nitrati. Questi satelliti ci mostrano l'energia emessa dalla nostra stella,

D'ora in poi conteremo sull'aiuto di una serie di satelliti per capire scientificamente come funziona il nostro pianeta. Ogni secondo, questi dispositivi raccolgono, misurano e trasmettono migliaia di terabyte di dati e solo con quei dati possiamo eseguire per la prima volta un'analisi digitale del pianeta Terra.

Per poter sequenziare questo studio, dobbiamo sapere quali sono questi strumenti in orbita attorno alla Terra, e se non esistessero, questo studio non sarebbe mai possibile.

Il primo satellite che ci aiuta a capire il clima è la Terra (EOS SER-2), un progetto di ricerca multinazionale della NASA incentrato principalmente sul sistema di osservazione della Terra (EOS). Il satellite è stato lanciato il 18 dicembre 1999 a bordo dell'Atlas presso la base aerea di Vandenberg

II, e ha iniziato la raccolta dei dati il 24 febbraio 2000 (EOS). La Terra trasporta un carico di cinque sensori remoti progettati per farlo   tenere sotto controlloL'ambiente della terra e il cambiamento climatico. Questo satellite ha portato a oltre 15 anni di analisi e raccolta di dati.

Gli altri satelliti sono Aqua (EOS PM-1), un satellite multinazionale in orbita terrestre progettato dalla NASA con l'obiettivo di analizzare le precipitazioni, l'evaporazione e il ciclo idrologico. È il secondo componente principale dell'Earth Observation System (EOS) subito dopo Earth (lanciato nel 1999). Aqua è stato lanciato il 4 maggio 2002 da Vandenberg Air a bordo di un Boeing attraccato a un Delta II. Il satellite in orbita sincrona all'elio. Orbita a un'altitudine di 705 km e guida una formazione chiamata "Zug" con diversi altri satelliti (Aura, CALIPSO, CloudSat e il francese PARASOL). Dispone di sei strumenti per studiare le acque superficiali e l'atmosfera terrestre.

aura(EOS CH-1) è un progetto di ricerca multinazionale della NASA. Il satellite è in orbita attorno al pianeta Terra e analizza lo strato di ozono, la qualità dell'aria e il clima. È il terzo componente principale dell'Earth Observing System (EOS),   Essere Primodue:

TERRA (rilasciato   In1999) e Aqua (introdotto nel 2002). Il nome "aura" deriva dalla parola latina per "aria". Il satellite è stato lanciato a   t è salito a bordo della Vandenberg Air il 15 luglio 2004un razzo Boeing Delta II 7920-10L. L'aura orbita su quello che è noto come "A-Train", un insieme di diversi altri satelliti che trasportano quattro strumenti per lo studio della chimica atmosferica.

Abbiamo anche l'SDO (Solar Dynamics Observatory), un veicolo spaziale senza equipaggio della NASA che studia i processi del Sole che influenzano direttamente la vita sulla Terra, che è stato lanciato l'11 febbraio 2010 da Cape Canaveral. Contiene quattro telescopi incorporati nella sua struttura, due pannelli solari e due antenne a lungo raggio. I suoi strumenti principali includono l'Extreme Ultraviolet Variability Experiment, che misurerà la radiazione ultravioletta della stella ad alta risoluzione, l'Heliosmatic and Magnetic Imager, che studierà la variazione e le proprietà dell'interno del Sole e le componenti dell'attività magnetica sulla sua superficie. Inoltre, porta il rivoluzionario Atmospheric Imaging Assembly capace di

CAPITOLO 1 - LE TEMPESTE

Nell'agosto 2005, a circa 400 chilometri al largo della costa nord-occidentale dell'Africa, in un arcipelago vulcanico, si trova l'isola di Capo Verde, nel periodo più caldo dell'anno, quando le tempeste hanno colpito le acque oceaniche locali per un periodo di 72 ore. Inizia a formarsi un mucchio di enormi nuvole, un evento enorme che interesserà il mondo intero, solo con le ultime parole della tecnologia spaziale è stato possibile comprendere tali fenomeni. A circa 700 chilometri di altezza, il satellite Aqua registra un aumento della temperatura dell'acqua, che, utilizzando un sistema di scansione a infrarossi, indica che l'oceano ha raggiunto la temperatura critica di 26 gradi, con vaste aree che si riscaldano di più, questo vapore inizia ad evaporare molto rapidamente assorbe il calore dall'oceano viene immediatamente trasferito all'aria. Con grande capacità, l'acqua inizia Trasportare energia che porterà alla distruzione totale in altre parti del mondo. La particolarità di questo satellite (Aqua) nel tracciare il vapore acqueo ci mostra solo una piccola scala specifica di un'interazione tra oceano, aria e sole, senza che un essere umano sia in grado di vedere ad occhio nudo. Ogni ora vengono evaporate circa 200 tonnellate di acqua. Un processo che consuma energia rispetto a una modesta centrale nucleare, 1000 metri sopra di esso questo vapore si condensa in forma di nuvola, rilasciando calore e alzando la temperatura dell'aria di diversi gradi. Man mano che l'aria si riscalda, iniziano a svilupparsi forti venti verticali, che sollevano queste nuvole a circa 15 chilometri di altezza mentre la cella temporalesca aumenta l'effetto della rotazione terrestre sulla forza di rotazione. quelle nuvole gigantesche che si fondono in una forma circolare, in questo momento assistiamo alla nascita di un La particolarità di questo satellite (Aqua) di tracciare il vapore acqueo ci mostra solo una piccola scala specifica di un'interazione tra oceano, aria e sole, senza che un essere umano possa sarebbe visibile ad occhio nudo. Ogni ora vengono evaporate circa 200 tonnellate di acqua. Un processo che consuma energia rispetto a una modesta centrale nucleare, 1000 metri sopra di esso questo vapore si condensa in forma di nuvola, rilasciando calore e alzando la temperatura dell'aria di diversi gradi. Man mano che l'aria si riscalda, iniziano a svilupparsi forti venti verticali, che sollevano queste nuvole a circa 15 chilometri di altezza mentre la cella temporalesca aumenta l'effetto della rotazione terrestre sulla forza di rotazione. quelle nuvole giganteschi che si fondono in una forma circolare, in questo momento assistiamo alla nascita di un La particolarità di questo satellite (Aqua) di tracciare il vapore acqueo ci mostra solo una piccola scala specifica di un'interazione tra oceano, aria e sole, senza che un essere umano possa sarebbe visibile ad occhio nudo. Ogni ora vengono evaporate circa 200 tonnellate di acqua. Un processo che consuma energia rispetto a una modesta centrale nucleare, 1000 metri sopra di esso questo vapore si condensa in forma di nuvola, rilasciando calore e alzando la temperatura dell'aria di diversi gradi. Man mano che l'aria si riscalda, iniziano a svilupparsi forti venti verticali, che sollevano queste nuvole a circa 15 chilometri di altezza mentre la cella temporalesca aumenta l'effetto della rotazione terrestre sulla forza di rotazione. quelle nuvole giganteschi che si fondono in una forma circolare, in quel momento assistiamo alla nascita di un senza che un essere umano possa vedere ad occhio nudo. Ogni ora vengono evaporate circa 200 tonnellate di acqua. Un processo che consuma energia rispetto a una modesta centrale nucleare, 1000 metri sopra di esso questo vapore si condensa in forma di nuvola, rilasciando calore e alzando la temperatura dell'aria di diversi gradi. Man mano che l'aria si riscalda, iniziano a svilupparsi forti venti verticali, che sollevano queste nuvole a circa 15 chilometri di altezza mentre la cella temporalesca aumenta l'effetto della rotazione terrestre sulla forza di rotazione. Queste gigantesche nuvole che si fondono in una forma circolare, in questo momento assistiamo alla nascita di un senza che un essere umano sia in grado di vedere ad occhio nudo. Ogni ora vengono evaporate circa 200 tonnellate di acqua. un processo consumando energia rispetto a una modesta centrale nucleare, 1000 metri sopra di essa, questo vapore si condensa in forma di nuvola, rilasciando calore e alzando la temperatura dell'aria di diversi gradi. Man mano che l'aria si riscalda, iniziano a svilupparsi forti venti verticali, che sollevano queste nuvole a circa 15 chilometri di altezza mentre la cella temporalesca aumenta l'effetto della rotazione terrestre sulla forza di rotazione. Queste gigantesche nuvole che si fondono in una forma circolare, in questo momento assistiamo alla nascita di un calore che si libera e aumenta la temperatura dell'aria di diversi gradi. Man mano che l'aria si riscalda, iniziano a svilupparsi forti venti verticali, che sollevano queste nuvole a circa 15 chilometri di altezza mentre la cella temporalesca aumenta l'effetto della rotazione terrestre sulla forza di rotazione. quelle nuvole gigantesche che si fondono in una forma circolare, in quel momento assistiamo alla nascita di un calore che si libera e che aumenta la temperatura dell'aria di diversi gradi. Man mano che l'aria si riscalda, iniziano a svilupparsi forti venti verticali, che sollevano queste nuvole a circa 15 chilometri di altezza mentre la cella temporalesca aumenta l'effetto della rotazione terrestre sulla forza di rotazione. Queste gigantesche nuvole che si fondono in una forma circolare, in questo momento stiamo assistendo alla nascita di a

Uragano. Dai dati inviati dai satelliti possiamo concludere che un uragano è un'enorme centrale elettrica prodotta dalla natura. Monitorato e accompagnato dalla ISS (Stazione Spaziale Internazionale) e tradotto in Portoghese (Stazione

Spaziale Internazionale), l'uragano si sta spostando rapidamente attraverso l'Oceano Atlantico verso il Sud-Est del Nord America, entrando in poche ore nel Golfo del Messico dove acque più calde amplificano questa Tempesta . Al momento possiamo dire che la gente di questo posto sta per sperimentare il potere del sole nell'oceano.

In questo momento, uno degli uragani più devastanti della regione, l'uragano Katrina,Una tempesta tropicale che ha raggiunto la terza categoria sulla scala terrestre Saffir-Simpson e la quinta nell'Atlantico, con raffiche superiori a 280 km/h e una pressione inferiore di 902 mbar1, ha provocato 1.883 morti e ha raggiunto le zone diBahamas, Florida del sud, New Orleans, Alabama, Mississippi, Louisiana. Questa è la capacità fisica dell'acqua di immagazzinare e rilasciare energia. Tuttavia, questo fenomeno è stato devastante per la popolazione locale, il mondo deve la sua vita al processo che ha generato la tempesta per il semplice motivo che quando l'oceano raggiunge una temperatura troppo alta, queste tempeste sono la sua valvola che fa circolare il calore diffuso in tutto il pianeta e bilanciare il clima globale. Questo particolare uragano ha contribuito a raffreddare gran parte dell'Atlantico a oltre 4°C e ha riequilibrato l'oceano. E questo fenomeno è solo un piccolo dettaglio in uno estremamente complesso e attraverso i satelliti possiamo confermare che tutto è connesso in modo planetario, letteralmente sono queste connessioni nascoste,

Mentre la terra orbita attorno al proprio asse, diversi satelliti raccolgono e analizzano un'ampia gamma di dati come temperatura, cariche elettriche, pressioni e persino il lento processo di deriva dei continenti. Attraverso la tecnologia possiamo capire perché parti della pianta sono fertili e altre sono completamente morte.

San Paolo, mese di giugno, 22º C, i cittadini iniziano un'altra giornata lavorativa, con venti sotto i 12 km, a poco più di 14.000 km da questo punto, nella città di Delhi in India, i residenti soffrono di piogge torrenziali in pochi minuti le strade saranno essere allagata e impraticabile, contemporaneamente un incendio boschivo devasta il nord dell'Australia e sulla costa della Cina, più precisamente nella città di Shanghai, grandinate devastano la regione.

Prima della tecnologia, tali eventi sembravano non avere alcuna connessione tra loro, sebbene in realtà siano tutti collegati. Incrociando i dati di cinque diversi satelliti, rivela uno strato del sistema, l'atmosfera dinamica, che incapsula il mondo intero. Con tutti questi dati possiamo osservare come l'atmosfera trasporta l'umidità lungo il pianeta, come il vapore sia invisibile, solo con le immagini satellitari possiamo seguire questo fenomeno. Quando applichiamo questi dati a un modello con la forma della Terra, emergono nuove prospettive, ogni clima globale è governato da un unico processo, la regione attorno all'equatore riceve la massima insolazione e produce circa il 65% di tutto il vapore, che è sempre lo stesso viaggia sensibilmente verso i Poli, guidato dai venti dominanti e dalla rotazione planetaria. Nell'emisfero settentrionale che ruota in senso orario, grandi spirali di vapore si estendono per oltre 3.000 km, nell'emisfero meridionale che ruota in senso antiorario la terra è già alla ricerca di un equilibrio che non esisterà mai. Quando questi venti carichi di vapore raggiungono le masse continentali del pianeta, in ogni luogo si creano condizioni climatiche specifiche. Possiamo citare come esempio la fine di luglio nelle Indie Occidentali, l'aria calda e umida viene spinta verso l'alto da uno strato montuoso chiamato Catis, si alzano nuvole gigantesche, il risultato di questo fenomeno sono le piogge monsoniche, cadono trilioni di tonnellate d'acqua dal cielo che copre la regione arida trasformata in fertili pianure, in Cina, grazie a queste piogge, ne beneficiano migliaia di risaie, portando cibo a più di 3,6 miliardi di persone, quasi la metà della popolazione mondiale. D'altra parte. Grandi spirali di vapore si estendono per più di 3.000 km, girando già in senso antiorario nell'emisfero australe, la terra è alla ricerca di un equilibrio che non sarà mai raggiunto. Quando questi venti carichi di vapore raggiungono le masse continentali del pianeta, in ogni luogo si creano condizioni climatiche specifiche. Possiamo citare come esempio la fine di luglio nelle Indie Occidentali, l'aria calda e umida viene spinta verso l'alto da uno strato montuoso chiamato Catis, enormi nubi si alzano, il risultato di questo fenomeno sono le piogge monsoniche, cadono trilioni di tonnellate d'acqua nel cielo che copre l'arida regione trasformata in fertili pianure, in Cina, grazie a queste piogge, migliaia di risaie stanno beneficiando e portando cibo a più di 3,6 miliardi di persone, quasi la metà della popolazione mondiale. D'altra parte. Grandi spirali di vapore si estendono per più di 3.000 km, girando già in senso antiorario nell'emisfero australe, la terra è alla ricerca di un equilibrio che non sarà mai raggiunto. Quando questi venti carichi di vapore raggiungono le masse continentali del pianeta, in ogni luogo si creano condizioni climatiche specifiche. Possiamo citare come esempio la fine di luglio nelle Indie Occidentali, l'aria calda e umida viene spinta verso l'alto da uno strato montuoso chiamato Catis, enormi nubi si alzano, il risultato di questo fenomeno sono le piogge monsoniche, cadono trilioni di tonnellate d'acqua nel cielo che copre l'arida regione trasformata in fertili pianure, in Cina, grazie a queste piogge, migliaia di risaie stanno beneficiando e portando cibo a più di 3,6 miliardi di persone, quasi la metà della popolazione mondiale. D'altra parte. Già nell'emisfero australe che ruota in senso antiorario, la terra è alla ricerca di un equilibrio che non potrà mai essere raggiunto. Quando questi venti carichi di vapore raggiungono le masse continentali del pianeta, in ogni luogo si creano condizioni climatiche specifiche. Possiamo citare come esempio la fine di luglio nelle Indie Occidentali, l'aria calda e umida viene spinta verso l'alto da uno strato montuoso chiamato Catis, enormi nubi si alzano, il risultato di questo fenomeno sono le piogge monsoniche, cadono trilioni di tonnellate d'acqua nel cielo che copre l'arida regione trasformata in fertili pianure, in Cina, grazie a queste piogge, migliaia di risaie beneficiano e forniscono cibo a più di 3,6 miliardi di persone, quasi la metà della popolazione mondiale. D'altra parte. Già nell'emisfero australe che ruota in senso antiorario, la terra è alla ricerca di un equilibrio che non potrà mai essere raggiunto. Quando questi venti carichi di vapore raggiungono le masse continentali del pianeta, in ogni luogo si creano condizioni climatiche specifiche. Possiamo citare come esempio la fine di luglio nelle Indie Occidentali, l'aria calda e umida viene spinta verso l'alto da uno strato montuoso chiamato Catis, enormi nubi si alzano, il risultato di questo fenomeno sono le piogge monsoniche, cadono trilioni di tonnellate d'acqua nel cielo che copre l'arida regione trasformata in fertili pianure, in Cina, grazie a queste piogge, migliaia di risaie beneficiano e forniscono cibo a più di 3,6 miliardi di persone, quasi la metà della popolazione mondiale. D'altra parte. Quando questi venti carichi di vapore raggiungono le masse continentali del pianeta, in ogni luogo si creano condizioni climatiche specifiche. Possiamo citare come esempio la fine di luglio nelle Indie Occidentali, l'aria calda e umida viene spinta verso l'alto da uno strato montuoso chiamato Catis, enormi nubi si alzano, il risultato di questo fenomeno sono le piogge monsoniche, cadono trilioni di tonnellate d'acqua giù nel cielo che ricopre l'arida regione trasformata in fertili pianure, in Cina, grazie a queste piogge, migliaia di risaie beneficiano e danno da mangiare a più di 3,6 miliardi di persone, quasi la metà della popolazione mondiale. D'altra parte. Quando questi venti carichi di vapore raggiungono le masse continentali del pianeta, in ogni luogo si creano condizioni climatiche specifiche. Possiamo citare come esempio la fine di luglio nelle Indie Occidentali, l'aria calda e umida viene spinta verso l'alto da uno strato montuoso chiamato Catis, enormi nubi si alzano, il risultato di questo fenomeno sono le piogge monsoniche, cadono trilioni di tonnellate d'acqua giù nel cielo che ricopre l'arida regione trasformata in fertili pianure, in Cina, grazie a queste piogge, migliaia di risaie beneficiano e danno da mangiare a più di 3,6 miliardi di persone, quasi la metà della popolazione mondiale. D'altra parte. Il risultato di questo fenomeno sono le piogge monsoniche, trilioni di tonnellate d'acqua che cadono dal cielo, trasformando la regione arida in fertili pianure. In Cina, grazie a queste piogge, migliaia di risaie ne stanno beneficiando, portando cibo a più di 3,6 miliardi di persone, quasi la metà della popolazione mondiale. D'altra parte. Il risultato di questo fenomeno sono le piogge monsoniche, trilioni di tonnellate d'acqua che cadono dal cielo, trasformando la regione arida in fertili pianure. In Cina, grazie a queste piogge, migliaia di risaie ne stanno beneficiando, portando cibo a più di 3,6 miliardi di persone, quasi la metà della popolazione mondiale. D'altra parte. In Cina, grazie a queste piogge, migliaia di risaie ne stanno beneficiando, portando cibo a più di 3,6 miliardi di persone, quasi la metà della popolazione mondiale. D'altra parte. In Cina, grazie a queste piogge, migliaia di risaie ne stanno beneficiando, portando cibo a più di 3,6 miliardi di persone, quasi la metà della popolazione mondiale. D'altra parte.

Dalla parte del globo, i venti devono attraversare le vaste Ande per raggiungere la parte centrale del Cile. L'altitudine elimina l'umidità dall'aria, che proviene da una delle regioni più aride del mondo, il deserto di Atacama, con un punto in cui non sono mai state registrate precipitazioni. Steam è uno dei manutentori più importanti al mondo, ma è solo uno di un sistema molto più complesso.

Le temperature gelide ai poli e il calore all'equatore hanno un'oscillazione di oltre 72 ° C. Grazie a queste oscillazioni, tutta l'aria e l'acqua attorno al pianeta vengono canalizzate, creando meccanismi invisibili e inaspettati per sostenere lo sviluppo della vita sulla Terra.

Per comprendere il componente successivo e analizzarlo da un'altra prospettiva straordinaria, dobbiamo andare a sud del pianeta.

Nei pressi della regione antartica, dove la Plaga sta subendo l'impatto di un immenso ciclone di proporzioni continentali, uno degli esempi più rilevanti si ha nelle acque a 60º Sud, la tempesta a 60º di latitudine, i mari più agitati e aggressivi della Terra, dove venti sostenuti e tempeste sferzano l'Oceano Antartico con furia incessante, sollevando più di 130 milioni di tonnellate di acqua al secondo, l'intero processo è guidato dal movimento termico che si sposta dall'equatore ai poli.

Continente antartico (immagine NASA, satellite Aqua)

CAPITOLO 2 - ANTARTIDE

Prima di continuare il nostro studio, è importante comprendere le differenze tra il continente artico e il continente antartico. Analizziamo l'immagine qui sotto...

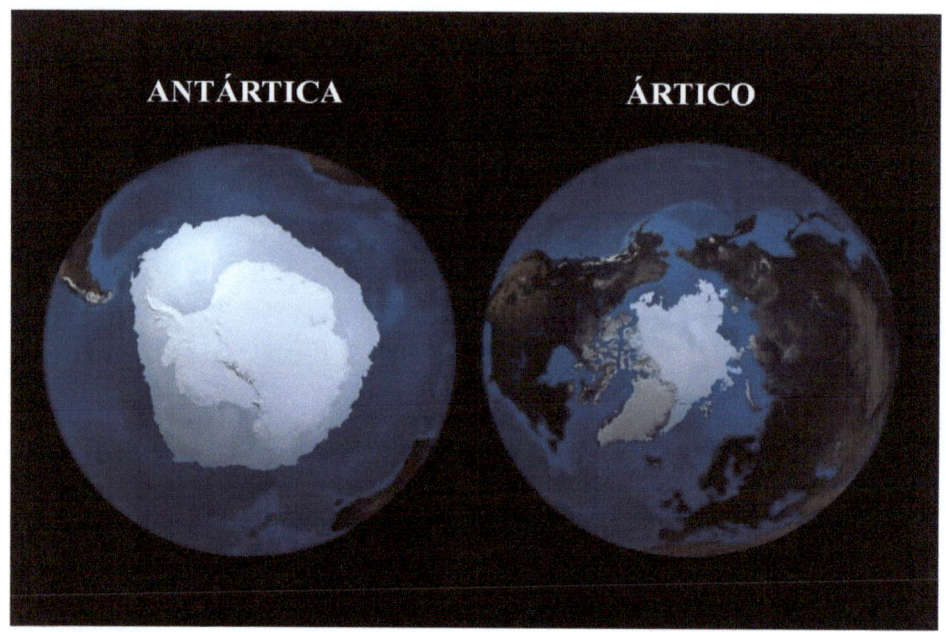

Fonte:Il Goddard Space Flight Center della NASA

Alcune caratteristiche distintive tra i due continenti sono; l'Articonon ha massa continentale, è una massa continentale di ghiaccio che galleggia sopra l'oceano, è integrata con otto isole intorno, sono;

Groenlandia, isola di Ellesmere, isola di Vitoria, isola di Bank, isola di Wrangel, isola di Severnaya Zemlyá, terra di Francisco José, Spitsbergen. In questa regione troviamo i maestosi iceberg ei famosi ghiacciai.La popolazione che vive nel continente settentrionale è molto varia ed è composta da persone che si sono stabilite nello stretto di Bering e in Groenlandia. Circa 135.000

persone vivono in questa regione. La fauna più caratteristica dell'Artico sono gli orsi polari, che vengono anno dopo anno e riducono la loro quota a causa dei cambiamenti climatici e della scarsità di cibo. Il clima nell'Artico varia notevolmente durante tutto l'anno. Situata nell'estremo nord del pianeta ea causa dell'inclinazione dell'asse terrestre, alcuni punti rimangono bui in inverno. Anche in estate, poca luce solare raggiunge la regione, quindi l'energia del sole è piccola e gran parte di essa viene riflessa nello spazio dal colore del ghiaccio. Tutto l'anno o l'Artico irradia più calore di quanto ne riceve, e la maggior parte del suo calore deriva dai tropici dalla circolazione atmosferica e marittima. La Scandinavia è la regione artica più calda a causa dell'influenza della Corrente del Golfo.

Gli inverni sono lunghi e freddi e le estati brevi e fresche, ma ci sono importanti differenze regionali   . L'umidità è generalmente   scarse e scarse, alcune zone ricevono meno di 50 millimetri di pioggia all'anno. In estate, a causa delle basse temperature e del terreno ghiacciato (permafrost), la pioggia evapora meno rapidamente, impedendone l'assorbimento e creando ampie zone paludose. Anche lo scioglimento della neve invernale contribuisce a questo e le inondazioni su larga scala sono comuni. L'accumulo di neve in inverno è molto variabile e dipende principalmente dalla geografia, dall'umidità e dalla velocità del vento.

L'Artico è stato colpito dai cambiamenti climatici, che hanno portato alla retrazione della calotta ghiacciata sull'Oceano Artico e al rilascio di permafrost sciolto. Nel settembre 2007, ENVISAT, la più grande fusione nell'Oceano Artico, è stata registrata da un satellite dell'ESA (Agenzia spaziale europea). Da diversi anni c'è uno scioglimento galoppante nella regione artica, circa la metà della calotta glaciale della Groenlandia si sta sciogliendo nel suo strato superficiale in estate, ma nel 2012 il 97% della superficie del mantello ha mostrato gradi di scioglimento raggiungendo le parti più alte e più fredde , un fenomeno che aumenta i rischi di catastrofe ambientale e la velocità di spostamento dei ghiacciai verso il mare   COME UN   conseguenza immediata Artico.

I mari agitati del continente antartico nascondono un segreto sorprendente che riguarda il mondo intero. Con estensione di 14.000.000 di km², in inverno circa sei mesi all'anno in completa oscurità, le sue temperature raggiungono mediamente negative (-93,2 °C), in estate le sue medie sono di -10 °C nella regione costiera e nell'interno è di -40 °C, un luogo completamente ostile dove è per lo più disabitato e inesplorato. Molti autori classificano questa località come un "deserto polare" a causa delle scarse precipitazioni, i venti di 100 km/h sono comuni in Antartide e durano settimane, con record di tempeste che superano i 320 km/h. La sua fauna è limitata al nome scientifico di pinguini (Spheniscidae), la sua flora incontra grandi difficoltà per lo sviluppo vegetale a causa dei forti venti, dello spessore del suolo sottile e della limitata esposizione al sole invernale. Per questo motivo la biodiversità in superficie è limitata a piante "inferiori" come muschi ed epatiche. Inoltre, esiste una comunità autotrofica formata da protisti. La flora continentale è costituita da licheni, muschi, alghe e funghi. La crescita e la riproduzione avvengono solitamente in estate. Esistono circa 230 specie di licheni e circa 54 specie di muschi. Ci sono 712 specie di alghe nel continente, la maggior parte delle quali costituisce il fitoplancton. Le diatomee e le alghe della neve, alghe microscopiche che crescono sulla neve e sul ghiaccio e danno loro colore, sono abbondanti nelle regioni costiere durante l'estate. muschi, alghe e funghi. La crescita e la riproduzione avvengono solitamente in estate. Esistono circa 230 specie di licheni e circa 54 specie di muschi. Ci sono 712 specie di alghe nel continente, la maggior parte delle quali costituisce il fitoplancton. Le diatomee e le alghe della neve, alghe microscopiche che crescono sulla neve e sul ghiaccio e danno loro colore, sono abbondanti nelle regioni costiere durante l'estate. muschi, alghe e funghi. La crescita e la riproduzione avvengono solitamente in estate. Esistono circa 230 specie di licheni e circa 54 specie di muschi. Ci sono 712 specie di alghe nel continente, la maggior parte delle quali costituisce il fitoplancton. Le diatomee e le alghe della neve, alghe microscopiche che crescono sulla neve e sul ghiaccio e danno loro colore, sono abbondanti nelle regioni costiere durante l'estate.

Scienziati di diversi paesi stanno attualmente studiando il continente per comprendere meglio il significato globale di questo ghiaccio locale. Con questi dati raccolti e con l'aiuto dei satelliti, sono giunti alla conclusione che una serie di peculiarità rendono la regione la più fredda della Terra, e con questi risultati possiamo concludere che questo continente sostiene tutte le forme di vita sulla Terra, comprese le lussureggianti foreste a migliaia di chilometri di distanza. Unendo frammenti di dati ottenuti da 17 diversi satelliti, è stato osservato un potente sistema climatico che circonda l'intero continente. Un enorme vortice spinto dalla rotazione terrestre e mentre l'aria calda e umida viaggia verso il sud del pianeta, potenzia e forma un gigantesco sistema invisibile chiamato Polar Jet. Il vento implacabile spinge l'acqua del mare verso il basso e l'Oceano Antartico attraversa l'unico parallelo del mondo che non ha terra e di conseguenza un'immensa corrente circolare gira incessantemente, questa è la corrente oceanica più forte del pianeta creando la famosa tempesta al largo di 60º di latitudine , amplificato dalla combinazione di vapore acqueo, vento e forma della terra. Il getto polare è così potente da isolare l'Antartide dal resto del mondo, impedendo al calore e all'umidità di raggiungere il suo interno, creando la regione più secca e ventosa della terra. Qui le bufere di neve non sono causate dalle precipitazioni che scendono dal cielo ma dai venti che sollevano il ghiaccio dal suolo. Quest'aria densa e gelida è il risultato dei getti polari che possono raffreddare l'intero continente. In inverno le condizioni sono ancora più dure, innescando un processo vitale che avviene sotto il ghiaccio. In questo processo, lontano e invisibile agli occhi di ogni essere umano, sta avvenendo qualcosa di straordinario che sta interessando il mondo intero. Ogni inverno in Antartide vengono create 25.000 tonnellate di banquisas, raggiungendo un'area più grande dell'Australia. Con i dati inseriti in un modello, possiamo analizzare la perdita e l'aumento di massa continentale su un periodo di due anni, il cambiamento stagionale più importante sulla Terra che ha effetti profondi sulla vita in tutto il pianeta. L'intero processo avviene grazie alle proprietà fisiche dell'acqua salata. In una remota area costiera chiamata Mare di Weddell, una serie di masse polliniche, vaste aree di acqua marina circondate dal ghiaccio, si formano mentre i venti catabatici raffreddano l'acqua di mare a temperature sotto lo zero. Quando la temperatura nello strato superiore del mare raggiunge i -1,5 ° C, una frontiera pericolosa è una crociata. Tutto questo comando ora subentra un'altra particolarità dell'acqua salata, in superficie il mare inizia a gelare, i cristalli del microscopio iniziano a crescere e ad intrecciarsi, per gelare completamente, l'acqua deve liberarsi del sale, l'acqua che rimane liquida diventa più salata, forma una salamoia che gocciola lungo i lunghi tubi creati dal ghiaccio appena formato. Più densa della normale acqua salata, questa salamoia occupa gli spazi più profondi dell'oceano. Quest'acqua più densa porta con sé l'ossigeno presente nell'aria superficiale, che porta in profondità. Per congelare completamente l'acqua deve essere desalinizzata, l'acqua che rimane liquida diventa più salata e forma una salamoia che gocciola attraverso i lunghi tubi creati dal ghiaccio appena formatosi. Più densa della normale acqua salata, questa salamoia occupa gli spazi più profondi dell'oceano. Quest'acqua più densa porta con sé l'ossigeno presente nell'aria superficiale, che porta in profondità. Per congelare completamente l'acqua deve essere privata del sale, l'acqua che rimane liquida diventa più salata, formando una salamoia che cola attraverso i lunghi tubi creati dal ghiaccio appena formatosi. Più densa della normale acqua salata, questa salamoia occupa gli spazi più profondi dell'oceano. Quest'acqua più densa porta con sé l'ossigeno presente nell'aria superficiale, che porta in profondità.

La formazione del ghiaccio si fa più rapida e intensa, e in breve tempo grossi blocchi di ghiaccio piatto cominciano a galleggiare in superficie, formando una massa rigida. In soli sette giorni, il processo microscopico può già essere analizzato dai satelliti con i loro sensori e dai sottomarini per questo studio, rivelando una trasformazione straordinaria che ha una conseguenza, sebbene non possa mai essere studiata prima. Ogni secondo, 1,5 milioni di metri cubi di acqua densa e salata affondano sul fondo del mare in una corrente verticale incontrollabile. Quest'acqua, quando raggiunge il fondale, si propaga per centinaia di chilometri e forma una cascata sulla piattaforma continentale, emerge un'enorme cascata sottomarina mai vista dall'uomo, con torrenti, 500 volte quella delle Cascate del Niagara. il freddo,

Utilizzando una combinazione di dati all'interno di un modello matematico che ci mostra il flusso di quell'acqua verso l'equatore, spostandosi a nord del pianeta e rendendo gli oceani più freddi e mossi, questo sistema regola la temperatura media di 0,5 ° C. Questa stabilità lo consente La vita prospererà proteggendosi dai drastici cambiamenti climatici del pianeta. Quando l'acqua più profonda alla fine ritorna in superficie, le correnti più calde e veloci convergono e diventano più dinamiche. L'analisi mostra l'oceano come un'unica massa in un ciclone perpetuo, le temperature di queste correnti superficiali variano con l'energia ricevuta dal sole e con queste variazioni si determinano le quantità di vapore, che vengono rilasciati nell'aria e causano cambiamenti stagionali sia nei continenti che negli oceani. In autunno, quando le correnti del Golfo diventano più fredde, gli alberi di Edges cambiano colore in una tonalità più rossa e iniziano a perdere le foglie. Sei mesi dopo, dall'altra parte del mondo, la Corrente di Kuroshio inizia a riscaldarsi, permettendo ai ciliegi di sbocciare in tutto il Giappone. Processi simili avvengono in tutto il mondo e determinano i cicli stagionali di quasi tutte le forme di vita sulla Terra. in modo che i ciliegi possano fiorire in tutto il Giappone. Processi simili avvengono in tutto il mondo e determinano i cicli stagionali di quasi tutte le forme di vita sulla Terra. in modo che i ciliegi possano fiorire in tutto il Giappone. Processi simili avvengono in tutto il mondo e determinano i cicli stagionali di quasi tutte le forme di vita sulla Terra.

Attraverso l'analisi al computer, possiamo concludere che l'oceano e l'atmosfera sono intimamente connessi, un sistema continuo collegato da più di dodici trilioni di tonnellate di acqua che fluttuano continuamente nell'aria.

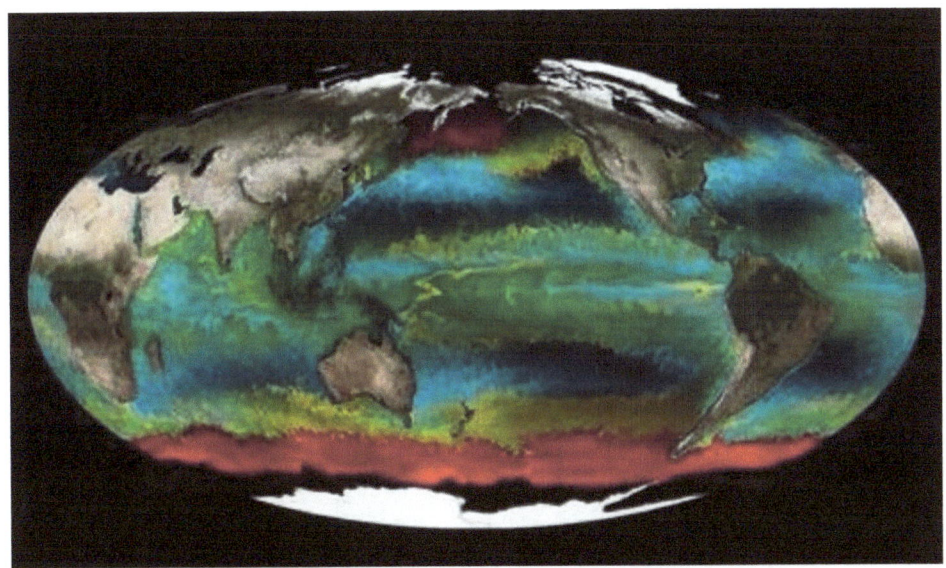

In verde è mostrato il vapore acqueo attorno al pianeta.

Ogni tempesta, ogni piccola goccia d'acqua fa parte di questo complesso meccanismo che guida tutte le attività che compongono il mondo, ma il nostro mondo ha molto di più in questo meccanismo planetario di quanto sembri. Di fronte a uno dei sistemi più violenti sulla Terra, la salamoia ghiacciata dell'Antartide sta subendo un'altra trasformazione. Qualcosa di affascinante accade nel punto d'incontro tra fuoco e acqua, un processo che sostiene quasi tutta la vita sulla terra.

Nel Perù occidentale, il mare è devastato da una frenesia alimentare... Il plancton funge da banchetto per milioni di sardine e acciughe, ogni nano, migliaia di pesci predatori e uccelli marini che migrano nella regione per nutrirsi di questi banchi è tutt'uno con il più grande quantità di vita marina del pianeta e sta diventando anche un'area estremamente attraente per la pesca, ma questo è molto più di un luogo ricco per l'attività di pesca, è soprattutto uno dei migliori esempi di come funzionano due dei sistemi terrestri in grado di interagire in modo produttivo.

Il primo di questo sistema è il ciclo dell'acqua, l'altro è nell'interno caldo e ribollente del pianeta. Quasi tutte le altre sostanze necessarie alla costruzione della vita provengono da qui, il mondo non è una sfera solida costituita solo da pietre, ma un cerchio ardente di liquido fuso con una crosta fredda all'esterno. La superficie della terra è come un rivestimento di una goccia di pioggia, intrinsecamente instabile.

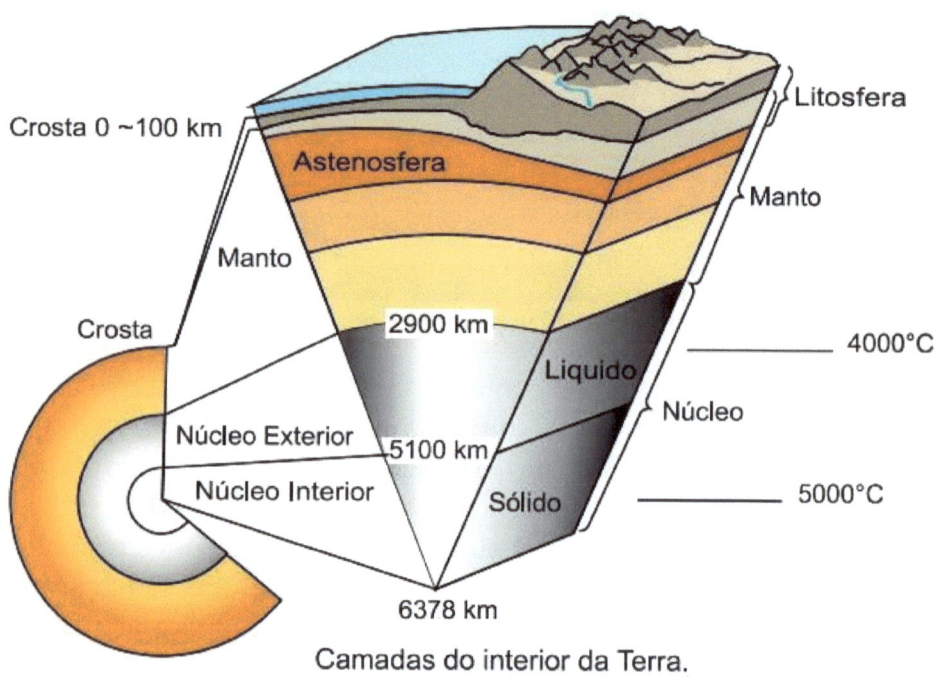

Camadas do interior da Terra.

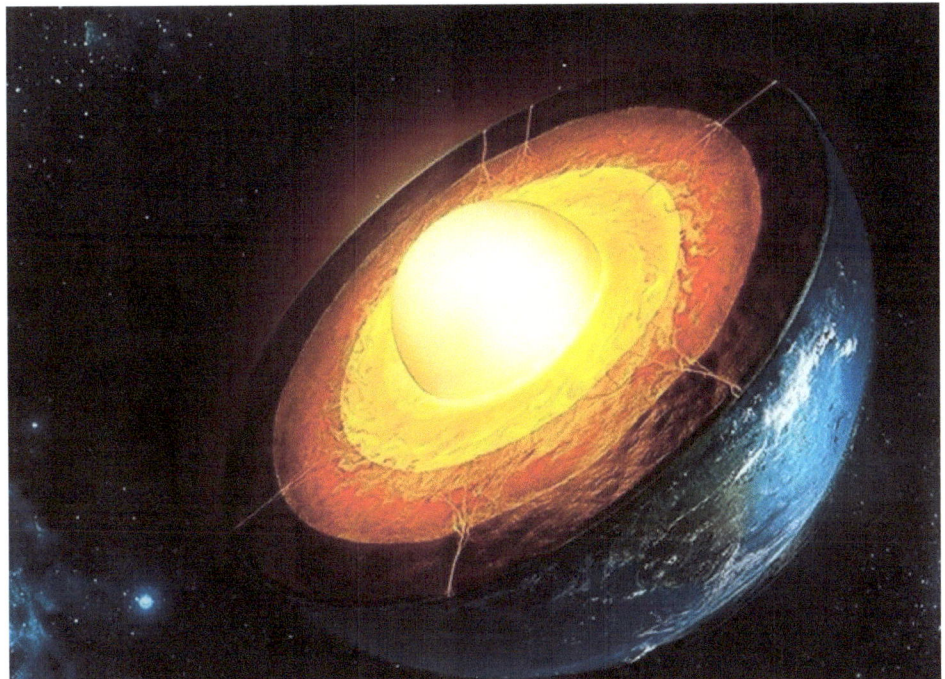

Il 30 marzo 2011, un terremoto di magnitudo nove della scala Richter ha colpito la città di Sendai, capoluogo della prefettura di Miyagi in Giappone.Il sisma è stato così forte che parti del paese sono state scagliate per 2,5 metri verso il Nord America. Allo stesso tempo, un vulcano erutta e un'enorme nuvola di cenere piroclastica sale verso la stratosfera. Questi eventi violenti sono solo disturbi locali causati dagli antichi e lenti flussi di roccia fusa

circolano costantemente all'interno del pianeta, alimentati dall'attenuazione delle radiazioni al centro della terra. La sostanza che filtra attraverso la crosta fornisce gli elementi di base necessari alla vita, due sistemi, uno di fuoco e l'altro di acqua, che interagiscono in più punti, e la più importante confluenza di tutto ciò avviene sul fondo del mare.

CAPITOLO 3 - PLANCTON E FITOPLANCTON

Nelle profondità dell'Oceano Atlantico, a 2.500 metri dalla superficie, si nasconde una catena di vulcani sottomarini, qui tutto è inondato di lava e gas surriscaldati, conclusione di un viaggio di 25 milioni di anni dal lontano centro della terra. Qui, acido e tossico, la cui pressione è centinaia di volte superiore a quella della superficie, si svolge la chimica di base della vita, gas che normalmente evaporerebbe reagiscono violentemente con le acque dense e ricche di ossigeno dell'Antartide, mare i minerali caldi che lo rendono milioni di anni hanno viaggiato attraverso l'interno del pianeta dissolversi nell'acqua di mare. In questo momento c'è una reazione con l'ossigeno e diventa ricco di sostanze nutritive.

Le acque oceaniche, ora piene di minerali provenienti dall'interno della Terra, emergono dalle bocche idrotermali, gli esseri viventi faticano ad utilizzare quest'acqua, i batteri sono i primi a colonizzare queste bocche. Sono condizioni molto fertili per lo sviluppo di questi minuscoli organismi. Quindi creature più complesse iniziano a nutrirsi di questi microrganismi, e a loro volta si nutrono di se stessi, l'abbondanza è così grande che una quantità enorme rimane da questo processo, quindi le correnti oceaniche prendono il sopravvento trasportando l'eccesso in tutto il mondo fino a quando finalmente raggiungere la superficie del mare. Altre correnti erodono le masse continentali del pianeta ed estraggono minerali direttamente dalle rocce.

Nelle famose zone di pesca della regione peruviana, le correnti oceaniche profonde vengono spinte verso l'alto mentre si avvicinano alle masse continentali sudamericane, portando con sé un'abbondanza di sostanze nutritive. Il fitoplancton, microscopici organismi vegetali che consumano voracemente la luce del sole e l'abbondante acqua, l'anidride carbonica si dissolve nell'aria, fornendo a queste creature unicellulari tutto ciò di cui hanno bisogno per crescere e riprodursi. A questo punto si moltiplicano in modo esponenziale, raggiungendo miliardi di unità rilevabili dai sensori satellitari.

In sole 24 ore, 500 chilometri quadrati di oceano blu diventano verdi, la crescita del fitoplancton innesca una delle più grandi frenesie alimentari del pianeta. L'emergere simile di sostanze nutritive in tutto il mondo sta alimentando la fioritura di più plancton, che la tecnologia più avanzata sta rendendo visibile, creando vaste strisce verdi in tutto il mondo che raggiungono fino a un quinto degli oceani.

Phytoplankton is responsible for every other breath

Map of global ocean surface chlorophyll concentration. Chlorophyll concentration (mg/m³) is an indication of the density of photosynthetic organisms, such as phytoplankton.

High   Low

Source: SeaWiFS Project, NASA, composite data set 1997-2018.   © GRID-Arendal 2019

Il plancton è la base dell'intera catena alimentare, in grado di trasportare i minerali dalla terra direttamente a tutte le creature marine. Questi minerali, che un tempo circolavano all'interno del pianeta per milioni di anni, sono oggi strumenti essenziali per questo equilibrio oceanico. Nelle successive 24 ore, il plancton che non serviva da alimento si immerge nuovamente, portando con sé il carbonio e i minerali assorbiti durante il viaggio, che rimangono nei fondali per migliaia di anni, formando uno spesso strato di minuscole carcasse fino a un chilometro. di spessore, la maggior parte di questi riapparirà in una seconda fase in futuro, fornendo le sostanze chimiche necessarie alla vita sulla Terra per continuare.

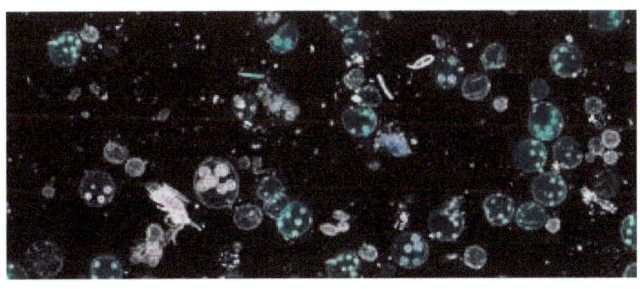

Questo processo gioca un ruolo fondamentale nella formazione del cibo che consumiamo e dell'aria che respiriamo, oltre che nell'alimentare il più ricco ecosistema di superficie del nostro pianeta, la foresta amazzonica. Per capire come funziona l'intero processo, dobbiamo recarci in uno dei luoghi più aridi e polverosi della terra, il violento deserto del Sahara.

I sistemi della Terra funzionano in modi diversi, alcuni perché il clima è più dinamico, altri perché il nucleo della Terra impiega alcuni millenni per completare un singolo ciclo. Con la tecnologia più avanzata, possiamo capire come camminare lentamente e camminare fianco a fianco raggiunga risultati straordinari.

Il Sahara nel continente africano è una regione arida, ma un tempo verde e rigogliosa, svolge ancora oggi un ruolo fondamentale nel ciclo di vita della terra. Nel mese di maggio, il picco della stagione più secca, i viaggiatori viaggiano sui loro cammelli attraverso una delle regioni più pericolose del Sahara, la Bodéle Depression, un antico mare che si è prosciugato cinquemila anni fa. Il terreno chiamato diatomite viene estratto da plancton di scarto molto vecchio ricco di composti di ferro e fosforo, due elementi essenziali per tutti gli organismi viventi. Il fatto più strano è che in soli sei giorni gli stessi granelli di sabbia rivitalizzeranno una foresta tropicale distante ottomila chilometri. Per iniziare questo processo di rinascita, è necessario avere un solo fiocco di terra di diatomee che galleggi nell'aria. La scaglia viene frantumata in una polvere finissima e trasportata dai venti, riempiendo rapidamente l'aria di scaglie sempre più microscopiche che, attraverso i dati forniti dal satellite MeteoSat, rivelano un movimento quotidiano di polvere e fanno apparire l'aspetto di una gigantesca nuvola direttamente dal deserto. La polvere si alza ogni giorno con una precisione impressionante esattamente a mezzogiorno, quello che era iniziato come un processo microscopico si è rapidamente trasformato in una grande tempesta di sabbia. Alta centinaia di piani e larga centinaia di chilometri, la nuvola di antico plancton ora soffia sull'Africa, sulla costa occidentale la polvere viene sollevata dai venti prevalenti, dando luogo a un epico viaggio attraverso l'Atlantico, i satelliti ci dicono che cinquanta - 4.000 tonnellate di polvere diventeranno tutti i giorni oltre le 8. 000 chilometri fino alla loro destinazione finale, l'Amazzonia. È qui,

Durante la stagione delle piogge della regione, le piogge incessanti diffondono nella giungla un totale di quaranta milioni di tonnellate di polvere africana, quello che un tempo era il plancton ora si deposita sul terreno e le radici degli alberi animano la foresta, il processo di fecondazione dell'Amazzonia da parte della polvere sahariana rimasto sconosciuto all'umanità fino all'avvento del satellite terrestre. Con strumenti estremamente sensibili in grado non solo di osservare la migrazione della polvere dall'Africa all'Amazzonia, ma anche di misurare la chioma forestale attraverso lo spazio, è anche possibile studiare la fine della stagione delle piogge nella regione e tracciare il ritorno del sole, per la prima volta in sei mesi il sole splende direttamente sulla foresta. Il risultato è un'esplosione di crescita, per ogni foglia ne compaiono altre tre in dieci giorni Un'onda verde attraversa il continente, la migrazione della polvere dalla Depressione di Bodéle all'Amazzonia è solo uno dei mille processi. Analogamente alla distribuzione dei minerali essenziali per gli ecosistemi viventi di tutto il mondo, deserti, montagne e antichi sedimenti, ogni elemento ha una sua composizione che permea la catena della vita nelle forme più svariate. Ogni parte della sogliola del pianeta dipende da questi processi, le grandi pianure del Nord America, perfette per la produzione di mais e grano, si sono formate da depositi glaciali, il delta del fiume Gange in Bangladesh è ricco di ferro, che viene eroso poiché l'Himalaya è uno degli ingredienti base per la coltivazione del riso,

Le piante non sono solo un prodotto della terra, sono una forza potente in grado di trasformare il pianeta per milioni di persone.

Nel corso degli anni sono stati responsabili dei cambiamenti nell'atmosfera e nella definizione dell'essere umano e modellano molti aspetti del nostro corpo e della nostra mente.

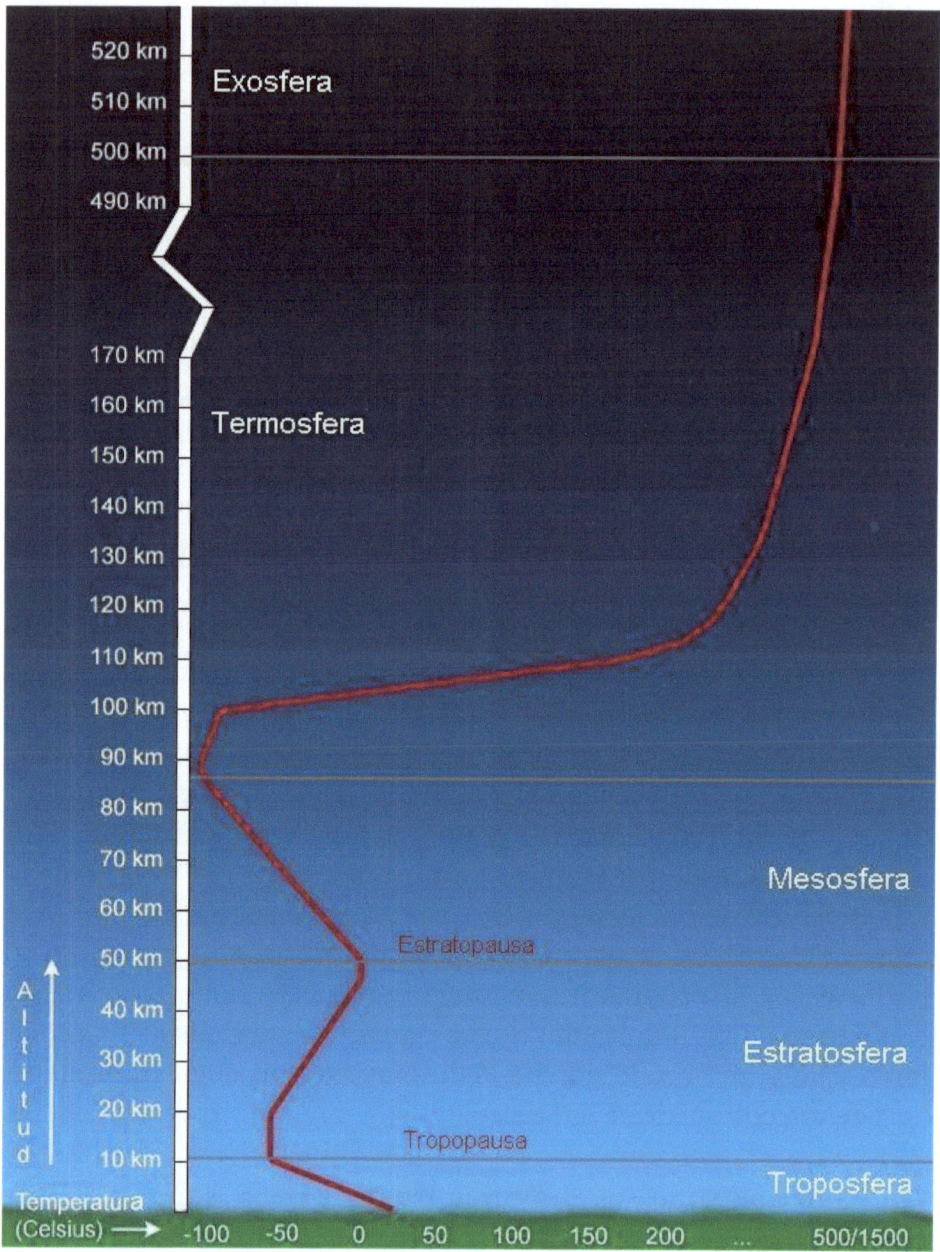

CAPITOLO 4 - LA FORESTA AMAZZONICA

Un altro straordinario processo del pianeta, visto dai satelliti dall'analisi computerizzata, mostra un movimento quotidiano di particelle invisibili di ossigeno e anidride carbonica nell'aria. Tuttavia, queste sostanze vitali non sono il risultato di un processo geologico, ma di trilioni di piccoli respiri. Per comprendere questo sistema è necessario risalire all'Amazzonia, questa foresta tropicale umida che ha circa cinquantacinque milioni di anni, uno degli ecosistemi viventi più antichi della terra, la sua biodiversità è così unica che offre più riparo della metà delle tutti gli esseri viventi del pianeta. Con una portata di sei milioni e mezzo di chilometri quadrati di verde puro. Proprio come l'Antartide e il Sahara, questo antico ecosistema gioca un ruolo chiave nell'evoluzione del pianeta. un ruolo essenziale nel ritmo della vita dell'intero pianeta. È qui che inizia il processo nei piccoli fori presenti nelle parti inferiori dei trilioni di foglie che esistono nella foresta.

Durante il giorno le foglie assorbono l'anidride carbonica presente nell'aria, trasformandola in zucchero e liberando il gas volatile che chiamiamo ossigeno.

processo di evapotraspirazione

Un singolo albero è in grado, nel corso della sua vita, di rilasciare milioni di metri cubi di questo prezioso gas che l'Amazzonia processa ogni giorno, un quinto di tutto l'ossigeno del mondo.

Per decenni è stato considerato il polmone del mondo, ma ora, con tutta la tecnologia informatica e satellitare, sta gradualmente diventando chiaro che nulla dei sistemi planetari terrestri è semplice. Dall'analisi del satellite terrestre si potrebbe dimostrare che la maggior parte dell'ossigeno prodotto durante il giorno viene riassorbito dalla foresta stessa durante la notte, occorre un ulteriore passaggio prima che l'ossigeno in eccesso venga rilasciato.

Ogni 24 ore, due milioni di tonnellate di sedimenti vengono trasportati dalla foresta alla vasta Amazzonia, questi sedimenti migrano verso est per seimila chilometri e raggiungono il delta dell'Amazzonia, dove il plancton presente nell'acqua assorbe i sedimenti con più luce solare e più carbonio diossido nell'aria, la popolazione di plancton esplode di nuovo. La quantità di ossigeno rilasciata dal plancton ha un volume gigantesco che può essere osservato dallo spazio dai nostri satelliti. La metà dell'ossigeno nell'atmosfera proviene dal plancton, queste piccole creature sono i veri polmoni della terra.

I plancton mantengono l'atmosfera in perfetto equilibrio e questo processo consente il prossimo anello della catena della vita.

Un'atmosfera ricca di ossigeno volatile consente creature più dinamiche e complesse, in grado di muoversi rapidamente utilizzando code, ali, braccia e gambe. In realtà, l'equilibrio dei gas nell'aria determina non solo le dimensioni del nostro corpo, ma quasi tutto ciò che siamo. L'ossigeno ha però anche un lato negativo, la sua estrema volatilità può provocare reazioni violente e incontrollabili e la più implacabile di queste è il fuoco, questo piccolo dettaglio ci mostra solo una piccola parte del complesso sistema che è il pianeta terra.

CAPITOLO 5 – IL FUOCO

Nell'ottobre 2013, un enorme incendio ha punito il Canada, più precisamente nel territorio dello Yukon, un'area dalla geografia peculiare, una regione montuosa, selvaggia e scarsamente popolata che ospita il Kluane National Park e il Mount Logan, la vetta più alta del paese, come case della Riserva così come ghiacciai, sentieri escursionistici e il fiume Alsek. In meno di una settimana le fiamme hanno devastato 25.000 chilometri di foresta, mentre un altro incendio ha distrutto 4.000 ettari di foresta in Siberia. Tutto questo è un piccolo esempio del potere unico del fuoco in tutto il mondo.

Ogni giorno la terra è devastata da enormi incendi, che i nostri modelli analizzano come grandi macchie rosse. Il fuoco è uno dei sistemi più straordinari sulla Terra e svolge un ruolo fondamentale nel ciclo di vita del pianeta.

Boreal Forest, Canada settentrionale è possibile vello in azione, questa lussureggiante foresta di abeti rossi ha un rapporto molto speciale con il fuoco, qui il freddo estremo uccide e intorpidisce la maggior parte degli alberi intrappolati in questi tronchi necessari per l'emergere di nuovo in queste condizioni tuttavia, questo processo richiederebbe centinaia di anni, ma in presenza di incendio potrebbe innescarsi entro poche ore.

Foresta di abeti (Canada)

La maggior parte degli incendi naturali sono causati da scariche elettriche casuali dal cielo, gli abeti rossi sono un combustibile perfetto per gli incendi, la loro combustione è facile e veloce, quindi una piccola scintilla può accenderli. In questo modo l'ossigeno volatile inverte il suo colpo mortale, l'ossigeno caldo si lega agli atomi di carbonio presenti nel legno degli alberi e genera più calore, che accelera il legame dell'ossigeno con i nuovi atomi di carbonio e genera molto più calore, rendendo le fiamme più intenso. Man mano che il fuoco consuma tutto ciò che lo circonda, l'energia solare immagazzinata nelle piante viene rilasciata, questa è la dinamica del fuoco.

Guardare un incendio ardente è vedere il potere del sole che si libera dalla vita che lo ha a lungo tenuto prigioniero in poche ore, iniziando con una piccola scintilla e incendiando centinaia di acri di foresta. La materia organica che questi alberi hanno immagazzinato per centinaia di anni si trasforma rapidamente in cenere, queste fiamme eliminano gli organismi morti e malati dalla foresta, riciclandoli e restituendo i loro minerali al suolo.

Quando osserviamo il fuoco di questo prisma, non è altro che parte di una rinascita e rigenerazione. Il fuoco esiste dall'evoluzione delle piante, nel momento stesso in cui hanno cominciato a produrre ossigeno hanno permesso la produzione delle sostanze necessarie alla combustione, inoltre hanno permesso l'esistenza del fuoco, anche molte piante dipendono da esso, gli abeti ad esempio, progettati per rilasciare i loro semi tra la cenere che si raccoglie nel terreno dopo un incendio.

Attraverso i satelliti in orbita terrestre è possibile visualizzare gli effetti degli incendi in tutto il mondo, che, secondo ciascuno di essi, segue la tendenza verso una nuova crescita della vita, la conservazione della salute e la promozione della rigenerazione dei vari ecosistemi del mondo ed evita unicamente la loro stagnazione.

I satelliti ci mostrano come fuoco, clima, acqua e ghiaccio siano collegati per il mantenimento del ciclo vitale, tutti sono collegati in un sistema millenario e completo, ma questo è solo l'inizio delle scoperte fatte dalle nuove tecnologie. Con questo siamo in grado di analizzare, esplorare e identificare qualsiasi reazione esterna che ci dica con convinzione che nessun elemento può esercitare sul pianeta un'influenza maggiore del sole.

CAPITOLO 6 - IL SOLE

Durante le 24 ore che impiega la Terra a ruotare, risponde alle straordinarie forze del Sole, che riversa ogni giorno 170 milioni di gigawatt (GW), pari a settemila volte il consumo energetico della superficie umana del pianeta, e innesca un'incessante ondata di attività.

Le piante e il plancton iniziano la fotosintesi all'alba, utilizzando la luce solare per produrre zuccheri e amidi, che sono alla base della catena alimentare e la principale fonte di energia per quasi tutti gli esseri viventi.

La luce del sole controlla il vento e il tempo in tutto il mondo durante la notte, quando l'aria si raffredda provoca molte piogge. Anche noi facciamo parte di questo ciclo circadiano e rispondiamo quotidianamente al flusso di energia che proviene dal sole. Le cellule del nostro corpo per produrre vitamine nella pelle hanno bisogno della luce solare, anche le rotte di volo hanno uno stretto rapporto con il sole, al mattino gli aerei volano verso ovest per allungare la giornata, e di notte voli verso est per allungare la giornata Scopo di accorciare la notte.

L'ironia, tuttavia, è che la minaccia a questo sistema armonico proviene dallo stesso luogo che gli ha permesso di esistere, l'energia irradiata dal sole.
Sulla base delle analisi del satellite SDO, una registrazione infrarossa della radiazione emessa dalla nostra stella, queste sono oggetto di un esame approfondito. Particelle cariche, frazioni di protoni, elettroni e neutroni vengono costantemente scartate insieme a enormi impulsi di radiazione elettromagnetica.

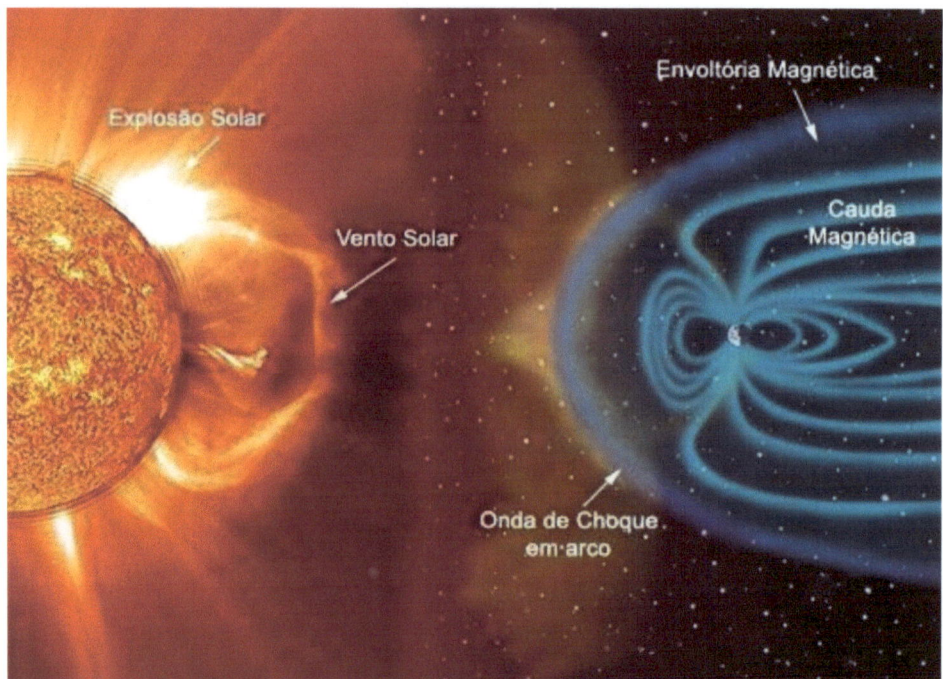

Le espulsioni di massa coronale dal Sole sono sporadiche e un supercomputer è stato in grado di tracciare le immagini di un'enorme nube di plasma a milioni di chilometri verso la Terra.

Se queste particelle solari potessero raggiungere anche solo per un attimo la superficie terrestre, causerebbero mutazioni fatali nel DNA (acido desossiribonucleico) di tutti gli esseri viventi e provocherebbero seri problemi sul nostro pianeta. Fortunatamente, il pianeta può difendersi.

Il nostro pianeta è circondato da un campo di forza invisibile chiamato magnetosfera, con immagini provenienti da cinque satelliti sincronizzati magneticamente, questa rete tecnologica chiamata Themis. Una missione spaziale originariamente destinata ad essere una costellazione di cinque satelliti identificati come segue:

THEMIS A, THEMIS B, THEMIS C, THEMIS D e THEMIS E studieranno il rilascio di energia dalla magnetosfera terrestre, noto come understorms, fenomeni celesti che amplificano la comparsa di aurore vicino ai poli nord e sud.

Attualmente, tre dei satelliti rimangono in orbitaTerra,due di loro sono stati deviati   Vicinanza   ILlunaOrbita.Iniziato nel 17febbraio 2007dalla base di lancio aerospazialeCapo Canaveral,stati Uniti, a bordo di unoDeltaIIRazzo. Ogni satellite trasporta strumenti identici, incluso un magnetometro fluxgate (FGM).   elettrostaticoAnalizzatore (ESA), a stato solidotelescopio (SST), un magnetometro a bobina di ricerca SCM) e uno strumento di campo elettrico (EFI). Ognuno ha una massa di 126 kg di cui 49 kg di carburante.

Ci hanno rivelato il nostro campo di forza, che è costantemente bombardato dal sole, la forma del campo è modellata solo dai potenti attacchi di radiazioni, una nebulosa laguna di 320 chilometri di diametro, onda dopo onda le particelle solari raggiungono la magnetosfera, la maggior parte di esse vengono deviate, ma quando il campo viene colpito da un'espulsione di massa coronale, le particelle cariche riescono a fare breccia nel loro strato esterno e una volta attraversato lo scudo, sono libere di avanzare sul pianeta. Il campo magnetico dirige le particelle verso i poli, creando uno degli spettacoli più impressionanti della natura, l'aurora boreale e l'aurora meridionale, meglio conosciute come aurore boreali e aurore australiane. Nell'immagine sottostante è possibile analizzare il secondo strato di difese della terra.

Enormi strisce di plasma formano una corrente discendente che circonda i poli del pianeta mentre raggiungono rapidamente lo strato superiore dell'atmosfera, spostano le molecole d'aria facendole brillare, l'ossigeno emette i colori rosso e verde e l'azoto emette il colore blu. Un'energia in grado di modificare tutta la vita sulla Terra viene drenata dallo strato superiore dell'atmosfera, consentendo al pianeta di proteggersi dalla micidiale radiazione solare per milioni di anni. Ma anche con questo straordinario aggeggio, è solo una parte di come l'atmosfera può proteggere la vita sulla Terra.

Immagini della magnetosfera terrestre

Esistono sistemi ancora più potenti molto al di sotto, senza i quali la vita non sarebbe possibile.

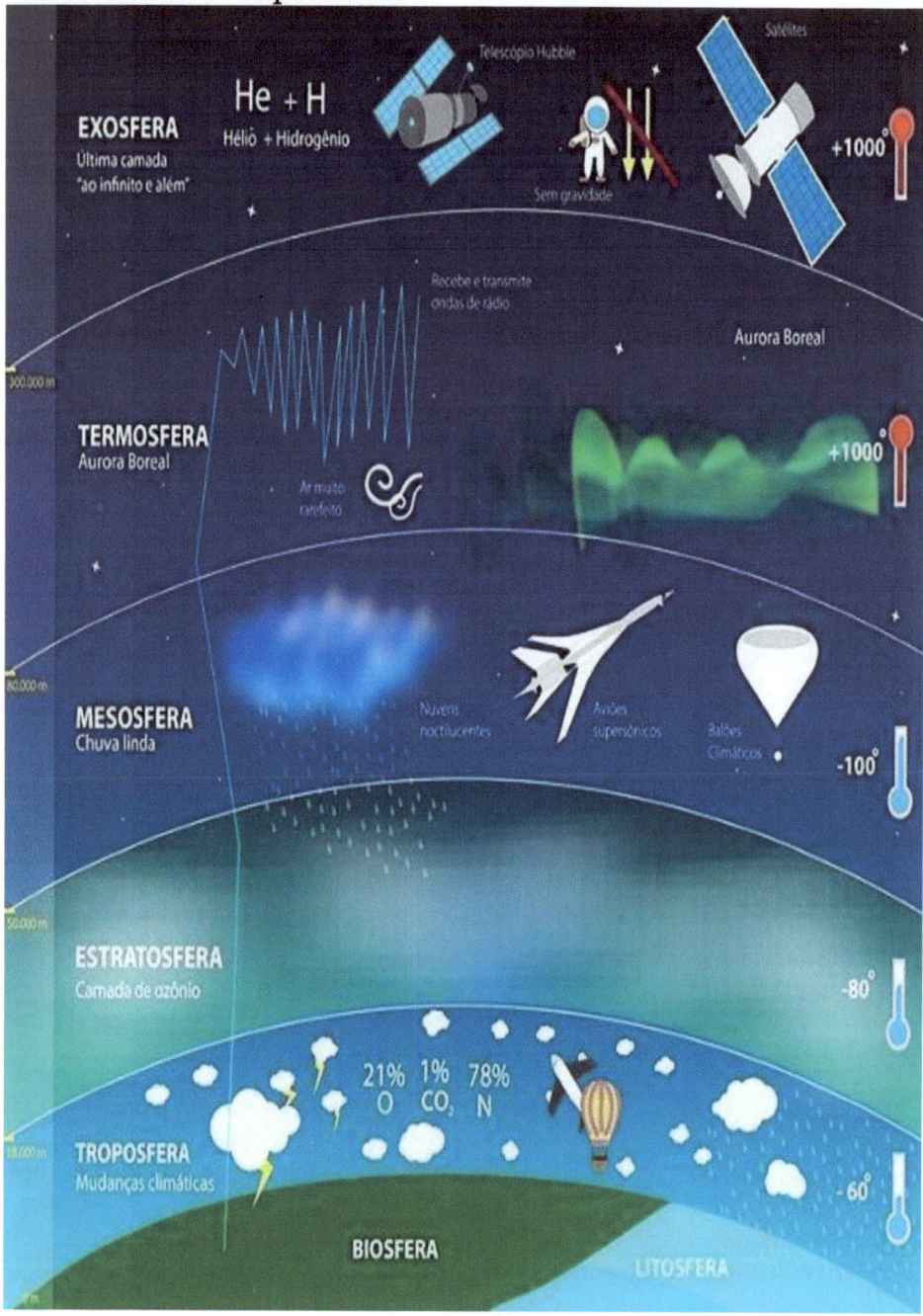

CAPITOLO 7 - L'ATMOSFERA TERRESTRE

L'atmosfera terrestre è una risorsa molto delicata, un sottile guscio blu capace di racchiudere tutto il nostro mondo. Questo sottile strato di ossigeno e azoto è sottoposto a un intenso bombardamento di luce solare e calore, forze che, se non controllate, possono distruggere l'intera atmosfera.

Di notte, questi satelliti usano i fulmini per studiare il rumore della terra. Con il supporto degli astronauti della Stazione Spaziale Internazionale (ISS), stanno fornendo dati impressionanti sulle frequenti intensità dei temporali. Perché il pianeta ha bisogno e produce questi fenomeni?

Con l'uso di tecnologie all'avanguardia, questa risposta diventa chiara; L'atmosfera terrestre è alla ricerca di un equilibrio. Ogni giorno la potenza combinata del vapore e della luce solare crea quarantamila nuvole cariche di un'immensa quantità di energia elettrica. Ogni 30 minuti, una nuvola di medie dimensioni può generare 100 (MW) megawatt, energia sufficiente per alimentare la città di Campinas per un minuto. Per bilanciarsi, la nuvola scarica energia negativa a terra sotto forma di fulmine rilasciando contemporaneamente una carica positiva.

Verso il cielo, ogni nuvola crea un'enorme colonna di carica, questa forza invisibile che si muove quasi alla velocità della luce verso lo strato esterno dell'atmosfera, la ionosfera.

Questo strato è costituito da un sottile velo costituito essenzialmente da (H)-idrogeno ed (He)-elio. Con i dati forniti dai satelliti è possibile vedere l'interazione delle cariche elettriche con questo campo estremamente rarefatto. La ionosfera funge da conduttore elettrico, distribuendo la carica in tutto il pianeta.

Ora sappiamo che la vita sarebbe impossibile senza questo circuito globale.

Tutto ciò è dovuto a una straordinaria reazione chimica che avviene nelle nubi cariche della comparsa dei fulmini. Di conseguenza, la carica elettrica all'interno della nuvola cresce molto rapidamente
L'aria viene scomposta in ioni, creando un minuscolo percorso attraverso il quale scorre una corrente elettrica. Entro millesimi di secondo, viene emesso un raggio che ha lo spessore di un pollice umano, ma a una temperatura cinque volte superiore a quella della superficie del sole. Attraversando l'aria, questo raggio infuocato di energia distrugge le molecole di (N)-azoto, l'(O)-ossigeno si lega all'(N)-azoto, producendo una sostanza chiamata (*NO. 3*) nitrato.

Circa quattordicimila tonnellate al giorno (*NO. 3*) I nitrati vengono trasportati in tutto il mondo, con la pioggia che questa sostanza disperde al suolo essendo un elemento essenziale per quasi tutte le forme di vita sulla terra, dalla fotosintesi delle piante alla respirazione di organismi più complessi.

nitrato (*NO. 3*) ha guidato le reazioni chimiche più importanti per gli esseri viventi per milioni di anni. Con i dati che arrivano ogni giorno, possiamo dedurre un intricato meccanismo che configura e riconfigura la vita in ogni momento e guida il battito cardiaco di ogni persona sul pianeta. Ciò che ancora di più manca è parte di questo complesso sistema, che è la profonda e innegabile conseguenza di un'unica specie animale, il genere umano.

CAPITOLO 8 - PERSONE

Di tutte queste tecnologie ci è stato rivelato un sistema nascosto e complesso che si è intrecciato a tutti i livelli, processi estremamente lenti che si combinano con altri che avvengono in pochi millisecondi, cicli infiniti di morte, decomposizione, rigenerazione e rinascita che riempiono il Mondo.

Dall'inesorabile potere dell'energia solare e dell'acqua, dalle forze elettromagnetiche che operano intorno a noi, ogni interazione ci rivela un'armonia e un preciso equilibrio. L'umanità è il fenomeno naturale più nuovo, siamo il risultato diretto di un sistema che è stato in grado di creare e sostenere la vita per 3,5 miliardi di anni. Abbiamo evoluto l'intelligenza e questo fatto ci ha permesso di dare contributi ai processi più antichi che esistono sulla Terra. L'umanità ha trasformato un pianeta esplorando lo stesso sistema complesso da cui è nato.

La nostra capacità di controllare gli ecosistemi ha permesso alle nostre civiltà di crescere rapidamente e diventare la specie dominante. Oggi è possibile vedere l'impatto dell'umanità, non solo e l'82% delle aree terrestri, ma anche intorno allo spazio, con i viaggi sulla luna e con la Stazione Spaziale Internazionale (ISS), ora stiamo finalmente iniziando a capire come il nostro mondo funziona e quale posto occupiamo in esso.

Questo è il momento decisivo nella storia della Terra, osservando il pianeta attraverso la più alta tecnologia, è possibile vedere che siamo diventati una forza globale, stiamo già producendo di più (*NO. 3*) nitrati rispetto ai fulmini, rilasciamo più zolfo nell'aria di tutti i vulcani del mondo, emettiamo più anidride carbonica dell'intera Amazzonia, le nostre città producono polvere, usano i temporali e influenzano i sistemi di precipitazione.

Abbiamo il potere di influenzare gran parte dei cicli terrestri, attraverso l'analisi, l'influenza dell'umanità può essere vista come un processo naturale.

I gas rilasciati da aerei, automobili, centrali elettriche, ecc. sono effetti di una bestia che ha creato la terra stessa.

Tuttavia, c'è una differenza fondamentale, a differenza del vulcanismo, dei movimenti delle correnti oceaniche, o dell'ossigeno rilasciato dalle foreste o dal plancton, noi possediamo il dono del libero arbitrio, le tecnologie che ci permettono di fare più degli effetti che causiamo in il mondo, ci aiutano anche a fare scelte consapevoli sul consumo continuo delle risorse del nostro pianeta. I nostri nuovi occhi tecnologici ci insegnano a mantenere l'equilibrio in grado di sostenere il mondo naturale.

RIFERIMENTI BIBLIOGRAFICI

Autonomia dell'Agenzia Spaziale Brasiliana del Ministero della Scienza, Tecnologia e Innovazione

Programma di glaciologia antartica. La Fondazione Nazionale della Scienza. Consultato il 19 agosto 2009. Copia depositata il 25 ottobre 2019.

Agenzia Spaziale Europea ESA

Portale ESA - I satelliti testimoniano la più bassa copertura di ghiaccio artico nella storia Agenzia spaziale europea. 14 settembre 2007. Consultato il 26 luglio 2019

Evidence of Ancient Martian Life in Meteorite ALH84001?" National Aeronautics and Space Administration. Consultato il 26 agosto 2009. Estratto dall'originale il 25 agosto 2019.

Glomsrød, Solveig et alii. "Economie artiche all'interno delle nazioni artiche". In: Glomsrød, Solveig; Duhaime, Gerhard; Aslaksen, Iulie (a cura di). L'economia del Nord. Statistics Norway, 2015, pp. 37-78

JAXA - Agenzia giapponese per l'esplorazione aerospaziale

NASAAmministrazione nazionale dell'aeronautica e dello spazio

Neill   vetraio   da AberystwythUniversità. "Il collasso della calotta glaciale antartica è attribuito a qualcosa di più del cambiamento climatico. Consultato il 20 agosto 2019. Copia depositata il 25 dicembre 2015.

Amministrazione nazionale oceanica e atmosferica della NOAA

I satelliti vedono uno scioglimento senza precedenti della calotta glaciale della Groenlandia - NASA Jet Propulsion Laboratory". NASA. 24 luglio 2012. Consultato il 26 luglio 2019

Scienza in Antartide" (in inglese). Collegamento antartico. Consultato il 4 febbraio 2020. Estratto dall'originale il 7 febbraio 2006.

Il buco dell'ozono antartico, Divisione Supercalcolo Avanzato della NASA   (NAS)".Nas.nasa.gov. 26 giugno 2001. Consultato il 7 febbraio 2020. Copia depositata il 3 aprile 2009.

http://www-loa.univ-lille1.fr/

https://aqua.nasa.gov/

https://aura.gsfc.nasa.gov/index.html

https://cloudsat.atmos.colostate.edu/

https://terra.nasa.gov/

https://www.nasa.gov/mission_pages/sdo/main /indice.html

https://www-calipso.larc.nasa.gov/

INFORMAZIONI SULL'AUTORE

José Ruiz Watzeck

Giornalista, scrittore, autore, geografo, matematico, professore, neuropsicopedagogista, specialista nell'insegnamento superiore, laureato in Auditing, Management e Licenze ambientali, laureato in Geoprocessing e Georeferenziazione, pedagogista.